Der Mond aus verschiedenen Breitengraden

Peter D. Geldart

Mitglied, RASC

Übersetzung aus dem Englischen mit Google Übersetzer

I0105632

Der Mond aus verschiedenen Breitengraden
Peter D. Geldart
Mitglied, RASC.
geldartp@gmail.com

Übersetzung aus dem Englischen mit Google Übersetzer

ca. 4100 Wörter.
42 Seiten
10 x 15 cm

Cover:
Ein zunehmender Mond geht an einem Dezemberabend
über einem See auf (beachten Sie das Eis in der Ferne).
Blick nach Südosten von 45,4693 nördlicher Breite und
75,8106 westlicher Länge. Autorenfoto, ca. 1990.

Petra Books
MBO Coworking
78 George St., Suite 204
Ottawa ON K1N 5W1
613-294-2205

Zuvor teilweise veröffentlicht im British Astronomical
Association Journal, April 2025.

Inhalt

Geldart

Zusammenfassung

Die Höhe des Mondes über dem Horizont hängt von Ihrem Breitengrad und dem Winkel ab, den die Mondumlaufbahn mit der Äquatorebene der Erde bildet (seine Deklination). Die Formel für die maximale Höhe wird angegeben. Der Mond, ein tropisches Lebewesen, ist nur im Zenit innerhalb von höchstens 28,5° nördlicher und südlicher Breite sichtbar. Der Autor präsentiert Karten der Mondhöhe aus verschiedenen Breitengraden im Sommer und Winter und erörtert obere und untere Transite.

Geldart

Einleitung

Dieser Aufsatz beleuchtet die Faktoren, die die scheinbare Bahn und Höhe des Mondes bei Beobachtung aus verschiedenen Breitengraden beeinflussen. Es ist derselbe Mond in derselben Phase, der sich jedem auf der Nachtseite der Erde präsentiert, unabhängig von seinem Breitengrad. Der Mond kann auch tagsüber beobachtet werden, beispielsweise als blasser Mond am westlichen Himmel, wenn die Sonne im Osten aufsteigt, oder als Vollmond, der im Osten aufgeht, wenn die Sonne im Westen untergeht.

Die Diagramme auf den folgenden Seiten zeigen die Höhenkurven des Mondes von drei niedrigen bis mittleren Breitengraden aus gesehen: 0° (Äquator), 22° und 45° sowie von drei hohen Breitengraden aus gesehen: 70°, 80° und 90° (Pol). Zum Vergleich: Besiedelte Orte in diesen Breitengraden sind Rio de Janeiro und Singapur (0°), Hongkong und São Paulo (22° N und S), Venedig und Queenstown (45° N und S), Inuvik und Murmansk (70° N) sowie Alert (80° N); der einzige besiedelte Ort an einem Pol ist die Amundsen-Scott-Südpolstation (90° S).

Aufgrund der Ostrotation der Erde sehen wir den Mond im Osten aufgehen, im Westen durchziehen (mit Blick auf den Äquator) und untergehen..[1] Wie bei Sonne, Planeten und Sternen ist auch die Bewegung des Mondes nach Westen illusorisch: Der Beobachter wird durch die Erdrotation nach Osten getrieben. Die scheinbare Westbewegung des Mondes ist aufgrund seiner eigenen realen Ostumlaufbahn etwas geringer als die der Hintergrundsterne.[2]

Ich habe Daten von NASAs JPL Horizons [3] mit dem Längengrad Greenwich (0°), der Weltzeit (UT) und dem Stichprobenjahr 2030 verwendet.

---

1 Ein Transit liegt vor, wenn ein Himmelskörper den Meridian des Beobachters zu kreuzen scheint. Dabei handelt es sich um eine gedachte Linie, die von einem Pol zum anderen durch den Zenit des Beobachters direkt über ihm verläuft. Die Begriffe „Aufgang, Transit, Untergang" (RTS) sind künstliche Bezeichnungen für den Effekt der Erdrotation. Siehe Zeitraffer von Aryeh Nirenberg unter https://youtu.be/1zJ9FnQXmJI

2 Die Umlaufbahn des Mondes im Osten „beträgt durchschnittlich 3.681 Kilometer pro Stunde … was einer mittleren Winkelgeschwindigkeit in der Himmelssphäre von etwa 33 Fuß [Bogenminuten] pro Stunde entspricht … [zufälligerweise seinem] scheinbaren Durchmesser." Der Mond, unser nächster Himmelsnachbar. Zdeněk Kopal, S. 6, Chapman and Hall, London, 1960.

3 Der NASA JPL Horizons-Datendienst unter https://ssd.jpl.nasa.gov/horizons/ Weitere interessante Websites sind:
– der Datendienst des United States Naval Observatory unter https://aa.usno.navy.mil
– Zeit und Datum unter https://www.timeanddate.com/moon/

Methodik

Ich begann diese Untersuchung, weil mich die Tatsache faszinierte, dass die Geschwindigkeit der Ostrotation eines Punktes auf der Erdoberfläche mit zunehmender Breite abnimmt und sich die Himmelskugel langsamer nach Westen zu bewegen scheint, bis die Sterne vom Pol aus gesehen zirkumpolar sind. Der Mond, dessen Umlaufbahn prograd ist, scheint sich gegenüber den Hintergrundsternen um 13,2° pro Tag nach Osten zu bewegen.[4] Meine Hypothese war, dass die scheinbare Westbewegung des Mondes mit zunehmender Breite abnehmen und er sich in Polnähe und am Pol in seiner wahren Umlaufbahn nach Osten bewegen sollte.

Detaillierte Untersuchung der Mondephemeriden bei JPL Horizons (Rektaszension, Azimut, lokaler scheinbarer Winkel, Himmelsbewegung[5]) Ich konnte keinen Faktor finden, der mit zunehmendem Breitengrad des Beobachters abnimmt.

---

4 https://public.nrao.edu/ask/variability-of-the-moons-apparent-motion-through-the-sky/
5 JPL Horizons settings: R.A._(a-app), dRA*cosD, Azi_(a-app), dAZ*cosE, L_Ap_Hour_Ang, Sky_motion, Sky_mot_PA, and RelVel-ANG.

Der Mond bleibt jedoch in hohen Breitengraden mehrere Tage über dem Horizont, was mit dem kürzeren Umfang und der geringeren Rotationsgeschwindigkeit zusammenhängen muss. Ich entdeckte auch einige Daten im Beispieljahr (2030), an denen der Mond bei 90° im westlichen Azimut aufging und im Osten unterging. Es gab jedoch viele scheinbar zufällige Auf- und Untergangsazimutwerte.

Jeff C., Entwickler der Sunmooncalc-Ephemeriden, der mich auch auf Gleichung (1) sowie die Verweise auf Duffett-Smith und Meeus aufmerksam machte, riet:

„...die relativen Beiträge [6] ändern sich nicht mit dem Breitengrad. An den Polen ist die lineare Geschwindigkeit null und die Richtung im Wesentlichen bedeutungslos. ... In extremen Breitengraden werden Aufgang und Untergang hauptsächlich durch Änderungen der Deklination bestimmt, sodass der Azimut eher zufällig erscheint. ... Die Änderungsrate hängt sowohl von der Deklination als auch vom Breitengrad ab, und es gibt keine einfache Formel wie die für die maximale Höhe."

– Jeff C., E-Mail-Kommunikation, 2025

---

6 Ein siderischer Tag hat eine Länge von 23 Stunden, 56 Minuten und 4 Sekunden ... die Winkelgeschwindigkeit der Erde beträgt also $\omega E = 360°/23{,}934444$ Stunden $= 15{,}041085°$/Stunde. Der Mond umkreist den Mond in einem siderischen Monat, seine Winkelgeschwindigkeit beträgt also $\omega M = 360°/27{,}321661$ Tage $= 0{,}54901494°$/Stunde. Da die Mondumlaufbahn prograd ist, beträgt die Winkelgeschwindigkeit des Mondes in Bezug auf einen Beobachter auf der Erde $\omega E - \omega M = 15{,}041085°$/Stunde $- 0{,}54901494°$/Stunde $= 14{,}49207°$/Stunde. 96,3 % der Bewegung sind also auf die Erdrotation zurückzuführen. – Jeff C., E-Mail-Kommunikation, 2025.

Zur scheinbaren Bewegung des Mondes aus verschiedenen Breitengraden sagte Jon G. von JPL Horizons:

„Azimut und Elevation sind lokale Koordinaten, die durch die Erdrotation mitgeführt werden und auf der lokalen Zenitrichtung und der dazu senkrechten Ebene basieren. … setze den Mond (301) als Ziel, fordere die Ausgabe der Größen Nr. 2 (RA & Dec), Nr. 3 (RA & DEC-Raten), Nr. 4 (Az-El-Winkel), Nr. 5 (Az-El-Raten) und/oder Nr. 47 (Himmelsbewegung) an."

– Jon G., E-Mail-Kommunikation, 2025.

Ich konnte nicht zeigen, dass sich die wahre Umlaufbahn des Mondes mit zunehmender Breite dem Beobachter offenbart. Vielleicht könnten tatsächliche Beobachtungen in diesen hohen Breitengraden zur zeitlichen Bestimmung der Mondbahn eine Antwort liefern, anstatt sich auf berechnete Datentabellen zu verlassen.

Für den Rest des Aufsatzes war es einfach, mithilfe der JPL Horizons-Daten Diagramme in Microsoft Excel zu erstellen, die die scheinbare Höhe des Mondes im Winter und Sommer aus sechs beispielhaften Breitengraden zeigen.

Ein Koordinatensystem

Wie die Antike können wir uns eine Himmelskuppel mit Lichtpunkten vorstellen. Darauf werden die Längen- und Breitengrade der Erde projiziert.

Koordinatensysteme helfen, die Beziehung zwischen Erde und Mond zu verstehen. Duffett-Smith:

„Um die Position eines astronomischen Objekts zu bestimmen, benötigen wir ein Bezugssystem, ein Koordinatensystem, das jedem Punkt am Himmel ein anderes Zahlenpaar zuordnet. Die beiden Zahlen oder Koordinaten geben in der Regel an, wie weit es im Umkreis und wie weit oben ist, genau wie der Längen- und Breitengrad eines Objekts auf der Erdoberfläche. Es gibt … das Horizontsystem, das Äquatorialsystem, das Ekliptiksystem und das galaktische System." [7]

Eine Längslinie von einem Pol zum anderen, die durch den Zenit direkt darüber verläuft, ist der Meridian des Beobachters. Während sich die

---

7 Praktische Astronomie mit Ihrem Taschenrechner. Peter Duffett-Smith. Cambridge University Press, 2. Auflage 1981.

Erde dreht, scheint sich ein Himmelskörper von Ost nach West über den Meridian des Beobachters zu bewegen und erreicht dann seine höchste Höhe. Dies ist sein oberer Transit. Zwölf Stunden später, wenn sich die Erde dreht und den Beobachter auf die „andere Seite" bewegt, scheint er den Meridian bei seinem unteren Transit erneut zu kreuzen, wahrscheinlich unterhalb des Horizonts, es sei denn, man sieht ihn in hohen Breitengraden, wenn man zum Pol blickt, als zirkumpolar und oberhalb des Horizonts.

Eine Formel für die Mondhöhe lässt sich ableiten. Die maximale Höhe des Mondes, hmax, berechnet sich aus seiner Deklination (δ) und dem Breitengrad des Beobachters (ϕ) wie folgt:[8]

$$hmax = 90° - |\delta - \phi| \text{ (Gleichung 1)}$$

8 Siehe auch Krisciunas K. et al. Die ersten drei Sprossen der kosmologischen Distanzleiter, Am. J. Phys., 80(5), S. 430 (2012). https://scispace.com/pdf/the-first-three-rungs-of-the-cosmological-distance-ladder-1zeg8nff9i.pdf

Beachten Sie, dass die von JPL Horizons erhaltenen Höhen- und Deklinationswerte topozentrisch sind (der Beobachter befindet sich auf der Erdoberfläche):

„Bei Objekten im Sonnensystem ... ist die Parallaxe der Richtungsunterschied zwischen einer topozentrischen Beobachtung (durch den tatsächlichen Beobachter auf der Erdoberfläche) und einer hypothetischen geozentrischen Beobachtung [durch einen Beobachter im Erdmittelpunkt]." [9]

9 Meeus J., Astronomical Algorithms, 2. Auflage, Willmann-Bell Inc., Richmond, Virginia, 1988, S. 412.

1	2	3	4
Observer latitude on the Earth (deg)	Earth circumference (km)	Observer on the Earth's surface: linear speed of eastward rotation (km/hr) $2\pi R \times \cos(\text{lat}) /24\ hr$	Moon above the horizon when on the night side of Earth (hrs)
0° (equator)	40,000 km	1670 km/hr	12 hrs
22°	37,000	1550	6-12 hrs
45°	28,000	1200	6-12 hrs
70°	14,000	570	Various hrs and one 6-day period /month
80°	7,000	290	Various hrs and one 11-day period /month
90° (poles)	0	0	One 14-day period /month. (half a month)

Tabelle 1: Variation der Faktoren aufgrund der Ostrotation der Erde.
Quellen: https://www.vcalc.com/wiki/MichaelBartmess/Rotational-Speed-at-Latitude.
NASA JPL Horizons-Datendienst unter https://ssd.jpl.nasa.gov/horizons/.

Die Erdrotation

Sonne, Mond, Planeten und die Himmelskugel insgesamt scheinen sich aufgrund der Ostrotation der Erde von Ost nach West zu bewegen. Es ist allgemein bekannt, dass Mond und Sonne am Äquator schneller und senkrechter zum Horizont auf- und unterzugehen scheinen als in anderen Breitengraden. Darüber hinaus verlangsamt sich die Geschwindigkeit östlich eines Beobachters auf der Erdoberfläche mit zunehmendem Breitengrad, da der Umfang, der in 24 Stunden umrundet werden muss, kleiner wird. Mit zunehmenden Breitengraden gehen Sonne und Mond in einem Winkel zum Horizont auf bzw. unter und benötigen dafür länger. Oberhalb von etwa 70° verweilt der Mond mehrere Tage über dem Horizont, da er auf der Nordhalbkugel im Süden (oberer Transit) zu sehen ist und weiterhin über dem Horizont bleibt, während der Beobachter um den Pol rotiert und den Mond im unteren Transit über dem Pol im Norden sieht.

In Tabelle 1 müssen die mehrtägigen Zeiträume in Spalte 4 in den drei hohen Breitengraden mit der abnehmenden Rotationsgeschwindigkeit (Spalte 3) in Zusammenhang gebracht werden. Bedenken Sie, dass die Sonne im Sommer in hohen Breitengraden ständig über dem Horizont steht (Mitternachtssonne), sodass die Sicht auf den Mond beeinträchtigt sein kann.

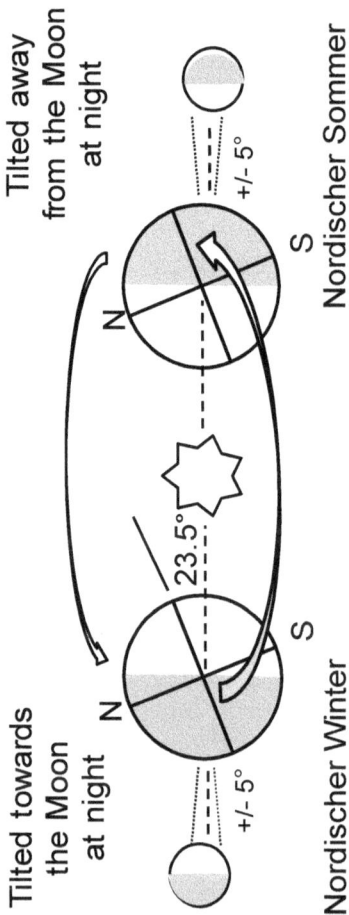

Diagram A. The Earth-Moon system's orbit around the Sun showing the northern hemisphere winter (L) and summer (R) Author's diagram, not to scale. CC-BY-SA Geldart

Tilted away from the Moon at night

Tilted towards the Moon at night

+/- 5°

+/- 5°

23.5°

N

S

N

S

Nordischer Winter

Nordischer Sommer

Die Neigung der Erde

Wie in Diagramm A dargestellt, ist die Erde um 23,5° auf ihrer Achse geneigt, sodass im nördlichen Winter (L) die Nordhalbkugel von der Sonne weggeneigt ist. Sechs Monate später ist die Nordhalbkugel zur Sonne hingeneigt, was den nördlichen Sommer (R) zur Folge hat.[10]

Da Sonne und Vollmond, wie dargestellt, per Definition gegenüberliegen, muss die Deklination des Vollmonds bei minimaler Sonnendeklination im nördlichen Winter (L) maximal sein, und umgekehrt im nördlichen Sommer (R). Dementsprechend ist die maximale Höhe des Vollmonds im Winter größer als im Sommer.

Die unterschiedliche Neigung der Mondbahn von der Ekliptik um etwa 5° ist ebenfalls dargestellt.

---

10 Die Neigung der Erdachse von 23,5° bleibt während der gesamten Erdumlaufbahn unverändert und ändert sich im Verlauf von etwa 26.000 Jahren nur um wenige Grad, da sich die Ausrichtung der Erdachse langsam dreht bzw. präzediert, ähnlich wie bei einem Kreisel. Siehe https://space-geodesy.nasa.gov/multimedia/videos/EarthOrientationAnimations/EOAnimations.html

Die Tropen

Da der Äquator aufgrund der Erdachsenneigung um etwa 23,5° gegenüber seiner Umlaufbahn um die Sonne (der Ekliptik) geneigt ist, erstreckt sich der Bereich, in dem die Sonne im Zenit stehen kann (ihre Deklination), von 23,5° Nord bis Süd. Dieser Bereich wird als Wendekreis bezeichnet (vom griechischen tropikós, was „Drehung" bedeutet) und wird durch den Wendekreis des Krebses (23,5° Nord) und den Wendekreis des Steinbocks (23,5° Süd) begrenzt.

Der Mond hat ebenfalls lunare Wendekreise, diese variieren jedoch aufgrund der 5°-Neigung der Mondbahn gegenüber der Ekliptik, die infolge der Präzession[11] der Umlaufbahn, reicht von 18,5° bis maximal 28,5° nördlicher und südlicher Breite: Oberhalb von 28,5° nördlicher Breite ist der Mond auf der Nordhalbkugel beim Mitternachtstransit (wenn er Ihren Meridian kreuzt) nach Süden zu sehen, und auf Breitengraden über 28,5° südlicher Breite ist er beim Transit nach Norden zu sehen.

---

11 Die Umlaufbahn des Mondes präzediert (rotiert) in einem Zyklus von 18,6 Jahren und die Neigung der Mondbahn von 5° wird in diesem Zyklus entweder zur Neigung der Erde von 23,5° addiert oder davon subtrahiert, sodass die Neigung des Mondes zum Äquator der Erde zwischen etwa 18,5° und 28,5° in Nord-Süd-Breitengraden schwankt.

Der Mond kann sich nur im Zenit des Beobachters befinden, wenn seine Deklination und die geografische Breite des Beobachters gleich sind, d. h. dies geschieht nur bis maximal 28,5° nördlicher und südlicher Breite.

Die Umlaufbahn des Mondes ist zur Äquatorebene der Erde geneigt (Ihr Horizont ist per Definition parallel zum Äquator), sodass sich der Mond im Laufe eines Mondmonats über und unter dieser Ebene bewegt. Aus diesem Grund variiert der Winkel des Mondes zum Äquator – seine Deklination – im Laufe des Monats. Jean Meeus:

„Die Ebene der Mondbahn bildet mit der Ebene der Ekliptik einen Winkel von 5°. Daher bewegt sich der Mond am Himmel ungefähr entlang der Ekliptik und erreicht während jeder Umdrehung (27 Tage) seine größte nördliche Deklination ... und zwei Wochen später seine größte südliche Deklination. Da die Mondbahn mit der Ekliptik einen Winkel von 5° und die Ekliptik mit dem Himmelsäquator einen Winkel von 23° bildet, liegen die extremen Deklinationen des Mondes ungefähr zwischen 18° und 28° (Nord oder Süd)." [12]

---

12 *Astronomical Algorithms*. 2nd ed. Jean Meeus. Willmann-Bell, 1998. *Note he has rounded off some figures.*

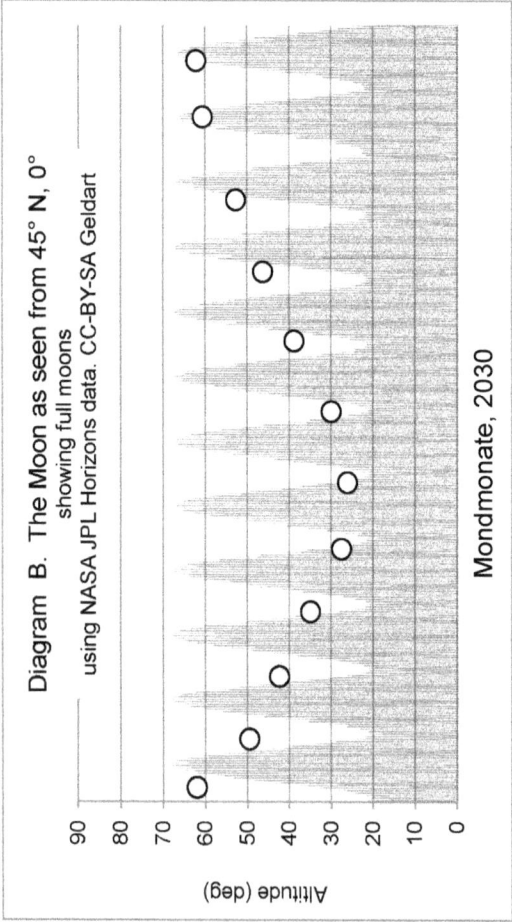

Diagram B. The Moon as seen from 45° N, 0°
showing full moons
using NASA JPL Horizons data. CC-BY-SA Geldart

Mondmonate, 2030

Altitude (deg)

Mondmonate

Die Darstellung der Mondhöhe vom 45. nördlichen Breitengrad und 0. Längengrad für das gesamte Jahr 2030 zeigt schattierte Wellenbewegungen der siderischen Mondmonate von etwa 29,5 Tagen, die das ganze Jahr über ohne jahreszeitliche Schwankungen ähnlich sind (Diagramm B). Die Umlaufbahn des Mondes ist unabhängig von unseren Jahreszeiten, unseren Monaten, unserem täglichen Tag-Nacht-Zyklus und seiner eigenen Phase[13], sowie die Sonnenwenden und Tagundnachtgleichen. Die Vollmonde (wenn der Mond der Sonne gegenübersteht, also mehr oder weniger direkt hinter der Erde) sind eingezeichnet und stehen im Sommer niedriger

---

13 Der Mond selbst ist während seiner gesamten Umlaufbahn auf seiner sonnenzugewandten Seite stets vollständig beleuchtet (es sei denn, er verläuft zufällig im Erdschatten). Nur von der Erde aus sehen wir die uns zugewandte Seite in verschiedenen Phasen beleuchtet. Die konvexe Krümmung des beleuchteten Teils zeigt zur Sonne, die sich nachts natürlich unterhalb des Horizonts befindet. Tagsüber können wir einen blassen Mond sehen (der sich dennoch auf der Nachtseite der Erde befindet), wobei sich die Sonne im gegenüberliegenden Teil der „Himmelskuppel" befindet. Die Mondphase hat nichts mit seiner scheinbaren Bahn und Höhe zu tun. Sie ist lediglich ein Artefakt der von uns auf der Erde wahrgenommenen Beleuchtung.

und im Winter höher, da die Erdbahn im Wesentlichen in ihrer Neigung feststeht (Diagramm A).

Das Beispieljahr 2030 liegt etwa in der Mitte der Präzession des Mondes über 18,6 Jahre, und seine Höhe schwankt in diesem Zeitraum um 5°. Die schattierten Kurven wären während des kleinen Mondstillstands 2015 etwa 5° niedriger und während des großen Mondstillstands 2043 etwa 5° höher. Wenn der Mond seine minimale (18,5°) und maximale (28,5°) Deklination erreicht, spricht man von einem Mondstillstand, da der Mond für einige Nächte etwa am selben Punkt am Horizont aufgeht.[14] Dies kann als Mondwende bezeichnet werden (vergleichen Sie Sonnenwende, wenn sich die Sonne am Wendekreis des Krebses bei 23,5° N oder am Wendekreis des Steinbocks bei 23,5° S befindet).

---

14 Siehe https://eprints.bournemouth.ac.uk/39590/

Der Mond aus der Sicht niedriger bis mittlerer Breiten

Die folgenden Diagramme 1 und 2 zeigen, dass an diesen Tagen die Höhe des Vollmonds mit zunehmender Breite des Beobachters (0°→22°→45°) abnimmt und er im Winter höher erscheint als im Sommer.

In Breitengraden unter etwa 70° geht der Mond auf, durchläuft seinen Transit und geht unter. Sein anschließender, tieferer Transit 12 Stunden später ist unterhalb des Horizonts unsichtbar.

I. Full moon as seen from low latitudes in summer

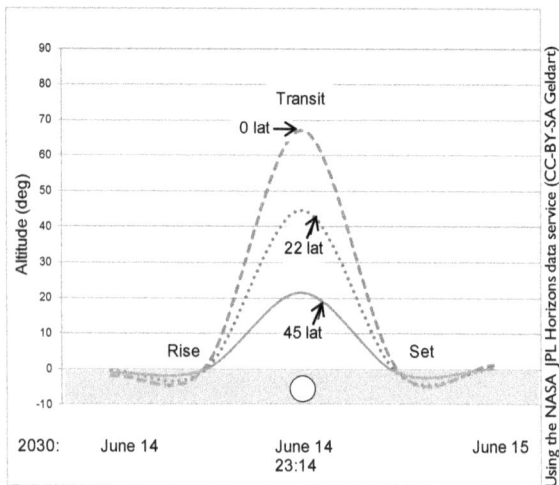

Using the NASA JPL Horizons data service (CC-BY-SA Geldart)

Beachten Sie, dass der Vollmond am 14. Juni um etwa Mitternacht den Meridian des Beobachters passiert (die Richtung zum Äquator, also ungefähr genau nach Süden für diejenigen auf der Nordhalbkugel und genau nach Norden von der Südhalbkugel aus). Einen halben Monat später passiert der Neumond (auf unserer Seite nicht beleuchtet) gegen Mittag den Meridian, aber die Sicht ist vom Sonnenlicht überdeckt (es sei denn, der Mond zieht zufällig vor der Sonne vorbei und verursacht eine Sonnenfinsternis).

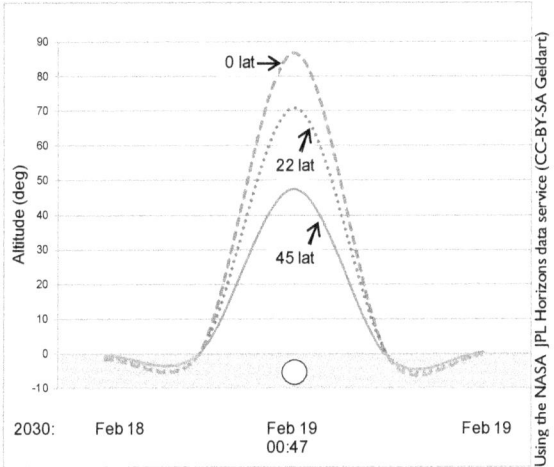

2. Full moon as seen from low latitudes in winter

Abbildung 2 zeigt, dass die Kurven für die Mondhöhe im Februar 2030 höher sind als im Juni (Abbildung 1)..

3. Full moon as seen from low latitudes in winter

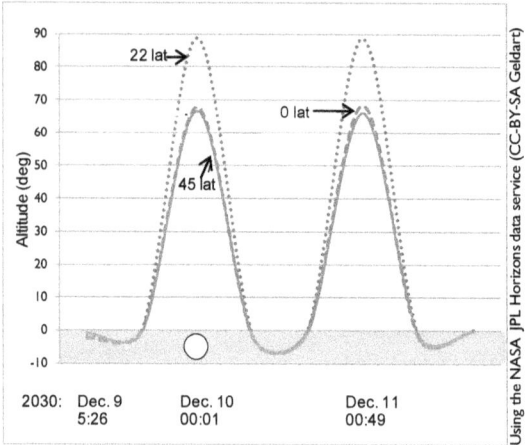

Using the NASA JPL Horizons data service (CC-BY-SA Geldart)

Der Mond kann vom Äquator aus genauso gut im Zenit gesehen werden, wie von anderen Breitengraden aus, bis zu einer maximalen Breite von 28,5° N oder S.

Diagramm 3 für Dezember 2030 erscheint der Vollmond vom 22. Breitengrad aus höher als vom Äquator (0°). Dies war im Februar nicht der Fall, als er vom 0°-Breitengrad aus höher stand (Diagramm 2). Die Sicht von 0° und 45° ist ungefähr gleich, aber auf der Nordhalbkugel ist der Mond vom 0°-Breitengrad aus im Norden und vom 45°-Breitengrad aus im Süden zu sehen.

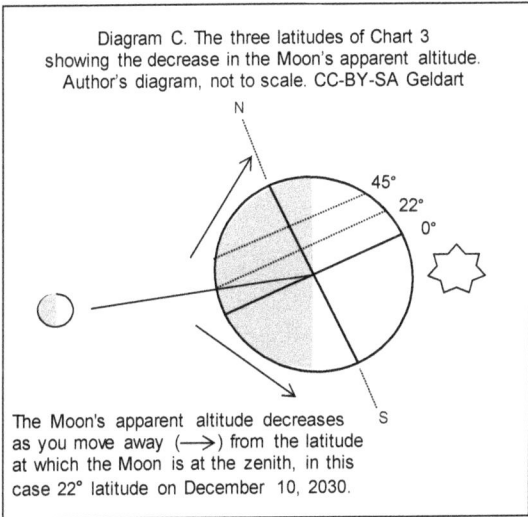

Diagram C. The three latitudes of Chart 3 showing the decrease in the Moon's apparent altitude. Author's diagram, not to scale. CC-BY-SA Geldart

The Moon's apparent altitude decreases as you move away (⟶) from the latitude at which the Moon is at the zenith, in this case 22° latitude on December 10, 2030.

Zur Unterstützung von Diagramm 3 zeigt Diagramm C grafisch, dass die scheinbare Höhe des Mondes vom 22. nördlichen Breitengrad aus gesehen höher ist als vom 0. (Äquator) aus: Er befindet sich in Zenitnähe am höchsten Punkt.

Dies lässt sich mit Gleichung 1 erklären:

Vollmond am 10. Dezember 2030 (Diagramm 3)

0° Breite: hmax = 90° − | 21° − 0°| = 69°
22° Breite: hmax = 90° − | 21° − 22°| = 89° (im Zenit)
45° Breite: hmax = 90° − | 21° − 45°| = 66°

Man kann dies auch folgendermaßen betrachten: An diesem Tag erscheint der Mond vom Äquator aus gesehen im Norden, ab 22° nördlicher Breite direkt über uns (ungefähr im Zenit) und ab 45° nördlicher Breite im Süden. Ist der Breitengrad des Beobachters (45°) größer als die Deklination des Mondes (ca. 21°), verläuft der Mondtransit nach Süden; ist er kleiner (0°), verläuft er nach Norden. Da der Mond vom 22. nördlichen Breitengrad aus gesehen im Zenit steht, sehen ihn alle Beobachter nördlich davon im Süden, während ihn alle Beobachter südlich davon im Norden sehen.

Der Mond aus hohen Breitengraden gesehen

Im zentralen Bereich der folgenden Grafik 4 (Sommer) Mitte Juni ist deutlich zu erkennen, dass ab 70° Breite der Vollmond am Horizont kaum noch zu sehen ist. [15] und zwischen dem 80. und 90. Breitengrad ist es untergegangen.

---

15 Was den Mond in Horizontnähe betrifft, wird die Brechung (die Beugung des Lichts durch die Atmosphäre, wodurch Himmelsobjekte höher erscheinen) vom NASA JPL Horizons-Datendienst berücksichtigt. Hohes Land oder Wolken am lokalen Horizont, die einen tief stehenden Mond verdecken könnten, werden jedoch nicht berücksichtigt. Außerdem wird die Höhe des Beobachters über dem Boden mit Null angenommen, als würde er über ausgedehnte Gewässer oder flaches Land blicken.

4. Moon as seen from high latitudes in summer.

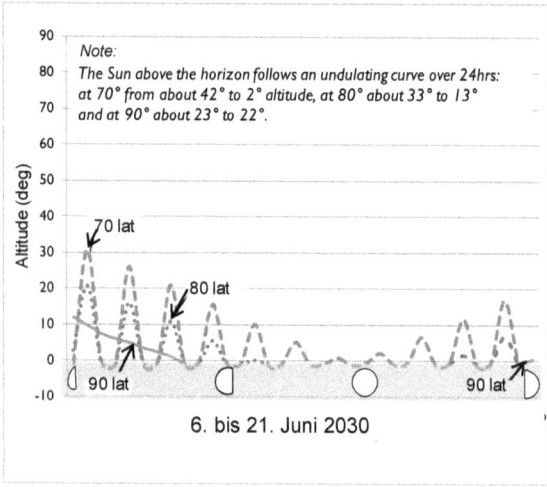

Using the NASA JPL Horizons data service (CC-BY-SA Geldart)

Ab etwa 70° Breitengrad beginnt die Sonne im Sommer, längere Zeit über dem Horizont zu bleiben (Mitternachtssonne), wobei diese Dauer mit zunehmender geographischer Breite des Beobachters zunimmt.

5. Moon as seen from high latitudes in winter.

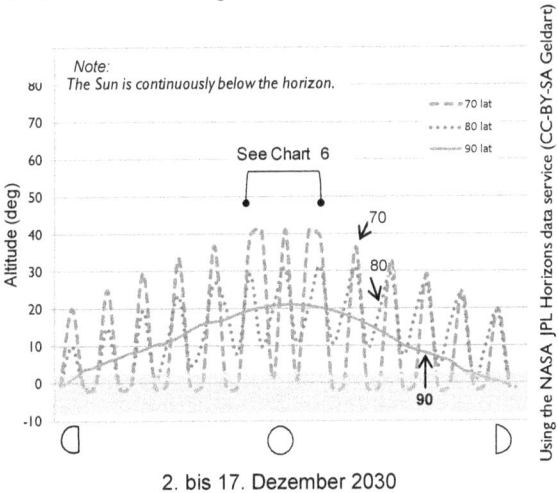

2. bis 17. Dezember 2030

Diagramm 5 sind die Wellenkurven des Mondes im Winter aufgrund der im Wesentlichen festen Neigung der Erde höher als in Diagramm 4 im Sommer (Diagramm A). Es gibt obere Transite, wenn der Mond seine höchste Höhe erreicht und den Meridian des Beobachters kreuzt, gefolgt von unteren Transiten 12 Stunden später, wenn er noch nicht untergegangen ist und den Meridian erneut kreuzt. Beachten Sie, dass die Kurve für den 90.

Breitengrad recht einheitlich ist, da obere und untere Transite in etwa gleich verlaufen.

Somit befindet sich der Mond für einen längeren Zeitraum über dem Horizont und in geringer Höhe, wenn er sich etwa einen halben Monat lang auf der Nachtseite der Erde befindet. Dies gilt im Winter für alle Breitengrade über etwa 70°: Er bleibt etwa sechs Tage bei 70°, elf Tage bei 80° und vierzehn Tage (den ganzen halben Monat) bei 90° über dem Horizont. Der Mond hat die ganze Zeit über tief am Himmel gewellt.

Was die Sonne betrifft, so befindet sie sich im Winter oberhalb von etwa 66° Breite mit zunehmender Breite des Beobachters für immer längere Zeit unter dem Horizont (Polarnacht).

6. Full moon as seen from high latitudes in winter (detail)

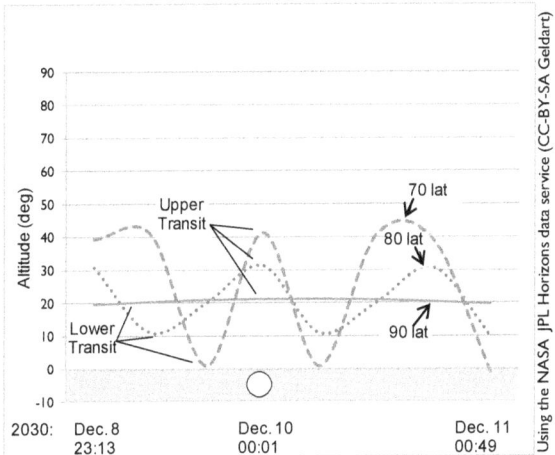

Using the NASA JPL Horizons data service (CC-BY-SA Geldart)

Wenn man Diagramm 5 näher betrachtet, zeigt Diagramm 6 die Höhe des Vollmonds an drei Tagen im Dezember in hohen Breitengraden. Vergleichen Sie dies mit den Kurven in niedrigen Breitengraden im Winter, wo die Kurven höher sind (Diagramm 2). In diesen hohen Breitengraden befinden sich die oberen und unteren Transite alle oberhalb des Horizonts. Im Fall von 90° ist die Linie sehr flach, da beide Transite etwa auf gleicher Höhe liegen (20°, 21°)..

In hohen Breitengraden verlaufen Mondtransite über den Meridian des Beobachters so, dass obere Transite mit einem Azimut von etwa 180° in Richtung Äquator beobachtet werden. 12 Stunden später, wenn sich der Beobachter auf der anderen Seite der Erdachse befindet, sind untere Transite mit einem Azimut von etwa 0° über dem Pol zu beobachten. Siehe Tabelle 2 mit detaillierten Transiten für 70°, 80° und 90° N (nördliche Hemisphäre).

Anmerkungen zu Tabelle 2

Zur Unterstützung von Diagramm 6.

Az ‡ Bei oberen Transiten in diesen arktischen Breitengraden blicken Beobachter nach Süden mit einem Azimut von etwa 180°. Untere Transite sind nach Norden zu beobachten und blicken mit einem Azimut von etwa 0° über den Pol zurück. Der Grund, warum die Zahlen in der Spalte Az ‡ nicht alle exakt 0° und 180° entsprechen, liegt an der minutengenauen Berechnung in den Ephemeridentabellen des JPL Horizon.

*** An diesen Mittwinterdaten befindet sich der Mond durchgehend über dem Horizont (es gibt weder Auf- noch Untergang).

Auf 90° Breite (dem Pol) befinden sich beide Mondtransite in etwa gleicher Höhe (20°, 21°).

Die Höhenwerte variieren während des 18,6-jährigen Präzessionszyklus der Mondumlaufbahn um 5°. Beispielsweise wäre der obere Transitwert von „41" bei 70° beim kleinen Mondstillstand 2015 etwa 5° niedriger (Mitte 30er-Jahre) und beim großen Mondstillstand 2043 etwa 5° höher (Mitte 40er-Jahre).

Table 2. Data for upper and lower transits of the Moon
as seen from high latitudes in winter.
CC-BY-SA Geldart, based on data from the
U.S. Naval Observatory and NASA's JPL Horizons

Year: 2030

Latitude: N 70 °

Date	Rise Az.	Upper Transit.	Alt.	Az ‡	Set Az.	Lower Transit.	Alt.	Az ‡
	h m °	h m	°	° h m °		h m	°	°
Dec-08	***	23:07	41 South	182	***	10:43	1 North	1
Dec-09	***	23:55	41 South	181	***	11:31	1 North	1
Dec-10	***				***	12:20	1 North	0
Dec-11	***	00:44	41 South	182	***	13:08	0 North	0

Latitude: N 80 °

Date	Rise Az.	Upper Transit.	Alt.	Az ‡	Set Az.	Lower Transit.	Alt.	Az ‡
	h m °	h m	°	°		h m	°	°
Dec-08	***	23:07	31 South	182	***	10:43	10 North	0
Dec-09	***	23:55	31 South	181	***	11:31	11 North	1
Dec-10	***				***	12:20	11 North	0
Dec-11	***	00:44	31 South	182	***	13:08	10 North	1

Latitude: N 90 °

Date	Rise Az.	Upper Transit.	Alt.	Az ‡	Set Az.	Lower Transit.	Alt.	Az ‡
	h m °	h m	°	°		h m	°	°
Dec-08	***	23:07	21 South	181	***	10:43	20 North	2
Dec-09	***	23:55	21 South	180	***	11:31	21 North	1
Dec-10	***				***	12:20	21 North	2
Dec-11	***	00:44	21 South	180	***	13:08	20 North	1

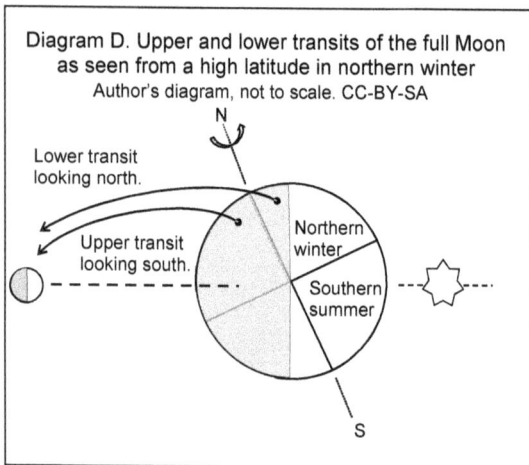

Diagram D. Upper and lower transits of the full Moon as seen from a high latitude in northern winter
Author's diagram, not to scale. CC-BY-SA

Diagramm D zeigt Vollmondtransite für jemanden, der sich beispielsweise in Alert, Kanada, auf dem 80. Breitengrad befindet. Der obere Transit des Mondes findet gegen Mitternacht statt, wenn er den Meridian des Beobachters über dem Horizont bei etwa 180° Azimut (auf der Nordhalbkugel, Blick nach Süden) kreuzt. Wenn sich die Erde dreht, erreicht der Beobachter etwa 12 Stunden später die „Tagseite" (immer noch im Dunkeln) und sieht einen unteren Transit nach Norden, wenn er über den Pol bei etwa 0° Azimut zurückblickt.

Zirkumpolar

Während dieser Zeit und während der etwa 14 Tage, in denen sich der Mond auf der Nachtseite befindet, schwankt er in Breitengraden über etwa 70° über dem Horizont und ist zirkumpolar: 6 Tage vom 70. Breitengrad aus gesehen, 11 Tage bei 80° und die vollen 14 Tage, also einen halben Monat, bei 90°.

In hohen Breitengraden sind im Sommer sowohl Mond als auch Sonne zirkumpolar und gehen nie für längere Zeit unter. Der Mond kann am helleren Himmel zeitweise schwach erscheinen.

In hohen Breitengraden ist der Mond im Winter zirkumpolar und die Sonne befindet sich unterhalb des Horizonts.

Fazit

Die Umlaufbahn des Mondes hängt ausschließlich von seiner Raumzeitumgebung ab, d. h. von seiner eigenen Masse und seinem Gravitationsfeld, die mit denen der Erde, der Sonne und des gesamten Sonnensystems verzahnt sind. In Diagrammen beschreibt die scheinbare Höhe des Mondes eine wellenförmige Kurve mit konstanter Form, die den Mondmonaten folgt und sich über die Jahre erstreckt, ohne Berücksichtigung unserer täglichen Rotation, unserer Monate, unserer Jahreszeiten, der Sonnenwenden und Tagundnachtgleichen sowie der Mondphase selbst. Dennoch ändert sich seine Bahn über unserem Horizont von Nacht zu Nacht. Dies liegt daran, dass der Mond etwa 5° von der Ekliptik abweicht und sich daher sein Winkel nördlich oder südlich der Äquatorebene der Erde (seine Deklination) im Laufe des Mondmonats ändert. Diese Deklination kann zusammen mit dem Breitengrad des Beobachters verwendet werden, um die Höhe des Mondes von jedem beliebigen Standort aus zu berechnen.

Zwei Faktoren helfen beim Verständnis der Mondposition. Erstens erscheint er mit zunehmender Entfernung vom tropischen Breitengrad, in dem sich der Mond im Zenit des Beobachters befindet, zunehmend tiefer am Himmel. Zweitens erscheint der Vollmond aufgrund der (festen) Neigung der Erde im Winter (wenn die Deklination der Sonne am geringsten und die des Mondes am größten ist) höher als im Sommer, wenn die Situation umgekehrt ist, also die Sonne am größten und der Mond am geringsten steht.

Der Beobachter sollte in der Lage sein, die Gründe für die Position des Mondes zu verstehen und sich vorzustellen, was Menschen in anderen Breitengraden sehen.

Geldart